超人氣・最經典・吃補不求

燉補大全

全國大飯店行政總主廚
35年經驗總鋪師
李阿樹 著

省時燉補訣竅

燉鍋、燜燒鍋都好用

燉補要成功，火候最重要，備置一個鍋蓋上有2小洞可供空氣對流的燉鍋，才不會熱燉老是溢湯、熄火，瓷鍋或陶鍋都可以，鐵鍋、鋁鍋絕不可用。早上把食材加水放入鍋，煮滾約10分鐘後，改用插電的燜燒鍋燜著，即可出門，下班回家後就能享用。如沒有燜燒鍋，建議早上煮滾後熄火，藉由鍋內密閉的熱氣把食材燜熟，下班回家時再開大火續煮到熟爛，很快就可上桌了，相當節省徘徊看顧燉鍋的時間。

電鍋方便省事

利用電鍋燉補，出門前按下開關，返家後開關已跳起，切換到保溫狀態，立刻可享用，但如果是隔水燉煮的話，要注意水量足夠，萬一水量不夠時，應加熱水，以防加冷水又浪費了冷卻還要再加溫變熱的這段時間，新式電鍋和燉補專用的電子鍋已採微電腦設定時間裝置，可視需要採購，蒸氣鍋麻煩不好用，不建議上班族採用。

蒸鍋一次多蒸些

用蒸鍋來燉煮東西時，每次只蒸一樣，不太划算，省時有效益的方法是放進2、3樣燉品在不鏽鋼架上一起蒸，如佛跳牆和燒酒蝦、糖水甜品等，分別蓋好保鮮膜即可，可視蒸鍋的內部空間，找2個或3個剛好可一起放置在架上的容器如大碗、深口盤、燉盅等，充分利用空間，燉出豐盛的菜色。

現成燉補藥包最省時

可在中藥房、生鮮超市大賣場、南北貨專賣店買到現成的燉補藥材包，如四物、四神、十全、人參枸杞、燒酒雞、羊肉爐等，一包正好燉煮一鍋，經濟又省事。

照著食譜最簡單

敬請依照本書程序做，食材的清洗、泡軟等預備工作一有空就先做好，算好時間做燉補，火候到，功效夠，一次就燉出湯濃味美的補帖鍋，有效率，當然省時。

Contents
燉補大全

一、最受歡迎TOP15
路邊攤、餐廳排行榜大公開

二、雞湯全家補

各式雞湯精髓

三、簡單好做元氣補

家常好做拿手燉補

四、宴客精緻料理

高級食材、精緻燉品

五、湯湯水水燉美美

糖水甜品DIY

最受歡迎 TOP15

路邊攤、餐廳排行榜大公開

把路邊攤燉補美食的NO.1、知名餐廳裡的人氣燉補料理搬回家自己做，現煮現享受。

薑母鴨

功效

適用體質虛弱、血氣不暢、冬天手腳冰冷者，吃薑母鴨暖身活血有元氣。

材　料

紅面鴨公1隻、老薑3兩

調味料

黑麻油3大匙、米酒1瓶、鹽少許、糖少許

做　法

1.買鴨子時先去內臟，回家後洗淨剁成塊，薑母去皮後洗淨拍碎。

2.鍋燒熱，將黑麻油加熱，先炒薑母，放入鴨塊炒到鴨肉表皮有點焦乾，加水1,200c.c.以大火煮開，撈去浮沫，改小火煮20分鐘。

3.倒入1瓶米酒，加鹽、糖調味，續煮10分鐘即可食用。

大廚教做菜。

1.可以加其他的火鍋料邊煮邊吃，口味更豐盛。

2.浮在湯上的鴨油可用來另拌麵線吃，別有風味。

麻油腰子湯

功效

滋陰補血，可強壯筋骨，補腎暖腰。

材　料

豬腰子1副、老薑6片

調味料

黑麻油2大匙、米酒半碗（125c.c.)、鹽少許、糖少許

做　法

1.豬腰剖開，剔除白筋，洗淨切片，每片切花為腰花；以滾水汆燙去血水。

2.鍋燒熱，將黑麻油加熱，放入薑片，加水500c.c.和米酒、鹽、糖調味料。

3.放入腰花，再煮2分鐘即可起鍋。

大廚教做菜。

1.剝開豬腰上的白筋時要剔除乾淨，也可以在採買時請肉販先幫忙清筋。

2.腰子稍稍汆燙即可，不可煮過久，否則太硬就不好吃了。

苦瓜排骨湯

功效

消暑、解毒、降火氣、去青春痘。

材料

排骨半斤、苦瓜10兩、小魚乾1大匙、薑1片

調味料

米酒1大匙、鹽2小匙、高湯1,200c.c.

做法

1.排骨剁塊，以滾水汆燙洗淨。

2.苦瓜剖半去籽後，切成約2公分寬、4公分長的長條，略泡水。

3.燉鍋加入高湯燒開，加入排骨、薑片、小魚乾煮30分鐘後，放入苦瓜再煮30鐘，加調味料即成。

大廚教做菜。

苦瓜不要買太熟的，否則很容易煮爛掉，那就不好吃；如果買的是深綠色、個頭小的山苦瓜，仍要剖半，煮久些才會變軟。

藥燉排骨

功效

溫補氣血，疲勞倦怠、精力不足者可多吃，也適合手術後恢復元氣。

材　　料

豬小排1斤、豬尾1條。藥材：十全大補帖1帖（請中藥店配好，當歸1錢、熟地2錢、桂枝1錢、黨參2錢、炒白芍2錢、川芎1錢、白朮2錢、茯苓2錢、黃耆2錢、甘草1錢）

調味料

米酒100c.c.、鹽少許

做　　法

1.排骨、豬尾剁塊，以滾水汆燙、洗淨。

2.將豬尾、排骨與水1,200c.c.、十全藥包、米酒、鹽一起放入燉鍋內燉90分鐘即成。

燒酒蝦

功效

補腎壯陽，血氣不暢者也可多吃。

材料

活草蝦1斤、排骨半斤。藥材：當歸3錢、枸杞3錢、桂枝3錢、川芎1錢

調味料

鹽少許、米酒1瓶、高湯1,200c.c.

做法

1.排骨剁塊，以滾水汆燙洗淨，放進燉鍋內。
2.加入藥材、米酒、高湯和鹽，以大火煮開，轉小火煮30分鐘。
3.將活蝦放進鍋裡邊煮邊吃。

大廚教做菜。

排骨藥材先煮30分鐘出味後，再放入蝦子燙煮後趁熱吃，蝦肉才不致變老難吃。

當歸羊肉爐

功效

益氣補虛，氣血循環差而手腳冰冷的女性；產後虛冷婦女多吃可以補血活血，調養體質。

材　料

羊肉2斤、薑1小塊。藥材：當歸3錢、熟地2錢

調味料

米酒半瓶、鹽少許、高湯1,200c.c.

做　法

1. 羊肉切小塊，以滾水汆燙20分鐘後洗淨。
2. 羊肉倒入燉鍋，加藥材、酒、高湯和鹽，以大火燒開後，轉小火煮90分鐘即成。

大廚教做菜。

汆燙時可加蔥、薑、酒、白蘿蔔，去除羊騷味。

台灣黑土羊品質最佳，沒有羊騷味。

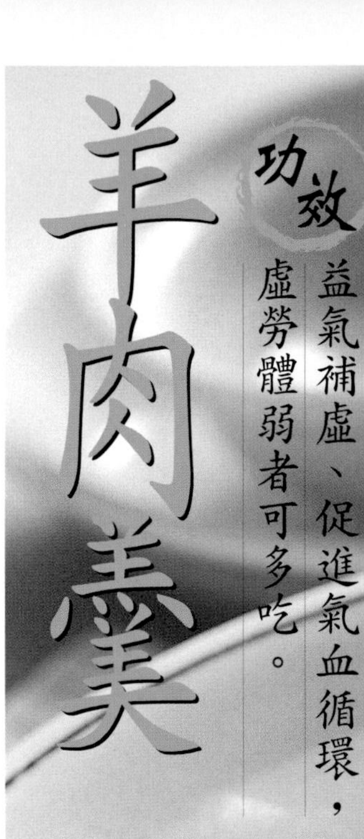

羊肉羹
功效
益氣補虛、促進氣血循環，
虛勞體弱者可多吃。

材　料

羊里肌肉半斤、白蘿蔔1斤、蔥花2支、香菜少許

調味料

酒1大匙、鹽1小匙、胡椒粉少許、太白粉2大匙、高湯1,200c.c.、香油1小匙。醃料：酒1小匙、鹽少許、蛋白1個、太白粉1小匙

做　法

1.羊里肌肉去筋、切薄片，以醃料稍醃漬片刻。
2.白蘿蔔去皮切丁，以滾水燙10分鐘。
3.高湯煮開，放入蘿蔔丁、酒、鹽、胡椒及太白粉勾芡，將羊肉片攤開，放進鍋裡，加蔥花、香菜、淋香油即成。

大廚教做菜。

羊肉片要用蛋清及太白粉醃漬，肉質才會嫩；而調味用的酒仍以米酒最適用。

當歸鴨麵線

功效 補血行氣，驅寒暖身有活力。

材　料

鴨半隻、無鹽麵線6兩。藥材：當歸3錢、熟地2錢

調味料

米酒2大匙、鹽少許

做　法

1.把半隻鴨先剁成2半，以滾水汆燙洗淨。
2.藥材加1,200c.c.水先煮30分鐘，放入鴨塊再煮30分鐘。
3.煮一鍋水，燒開後放入麵線煮熟，撈起放入碗裡，加當歸鴨湯，這時另將鴨肉剁成小塊，放在麵線上即成。

大廚教做菜。

有的麵線本身就很鹹了，煮的時候水要多放一點。

藥燉當歸土虱

功效

補腎益精氣，兼能溫補氣血，增強抵抗力。

材料

土虱1尾、薑2片。藥材：十全大補1帖（請中藥房配好，當歸1錢、熟地2錢、桂枝1錢、黨參2錢、炒白芍2錢、川芎1錢、白朮2錢、茯苓2錢、黃耆2錢、甘草1錢）、當歸多加1錢

調味料

米酒3大匙、鹽少許

做法

1.土虱洗淨剁塊，以滾水汆燙乾淨。
2.藥材加水1,200c.c.和薑片煮開後，轉小火煮30分鐘，煮到藥材香氣散發出來。
3.放入土虱，續煮20分鐘後加米酒及鹽調味即可起鍋。

大廚教做菜。

選購土虱要買活的、現處理的，才新鮮有補益，不要買太大條的，一尾12兩重的肉質較嫩，可剁塊後再帶回洗淨料理。

鱔魚羹

功效 補氣血、健筋骨，血氣不足、筋骨軟弱無力者可以多吃。

材料

鱔魚肉3兩、筍絲1兩、香菇切絲1大匙、蔥2支、蒜頭2粒、香菜少許

調味料

米酒1小匙、烏醋1小匙、鹽、胡椒粉少許、高湯600c.c.、香油1小匙

做法

1.鱔魚洗淨切絲。
2.鍋內倒油1小匙燒熱，爆香蔥、蒜，加入鱔魚，邊炒鱔魚邊加高湯、烏醋、鹽及胡椒粉調味。
3.煮開後放入太白粉水勾薄芡，淋香油、酒，撒上香菜即可。

大廚教做菜。

羹類湯通都以太白粉勾芡成稠糊黏羹狀，調勻的比例是1大匙太白粉加11/2大匙的水，但這道鱔魚羹以勾薄芡爲宜，美味不膩，1小半碗水裡只要加少許太白粉，用湯匙攪勻再倒入煮開的湯裡即可。

鱔魚炒麵

功效

虛損勞動的人可多吃，能去除風濕、強健筋骨，幫助鈣質吸收。

材　料

鱔魚片4兩、油麵半斤、韭黃2兩、蒜頭2粒、蔥2支

調味料

烏醋1小匙、鹽1小匙、胡椒粉少許

做　法

1.鱔魚肉去骨洗淨切片，韭黃洗淨切小段，大蒜切末，蔥切小段。

2.鍋內倒油1小匙燒熱，爆香蔥段、蒜末，倒下鱔魚片炒熱，加125c.c.水及烏醋、鹽、胡椒粉調味料。

3.放入油麵，蓋上鍋蓋燜2分鐘，加入韭黃以大火翻炒即成。

大廚教做菜。

1.炒麵的麵要用黃色的油麵，圓而不扁，耐炒不黏鍋，口感勁道較佳。

2.採買鱔魚時，可請魚販先把魚去骨、切片處理好，回家後只要清洗後就可馬上做菜，不麻煩。

紅糟鰻

功效
降血脂、補虛勞

材料

河鰻1尾、蔥2支、薑1片、蒜頭3粒、紅糟醬1大匙

調味料

米酒1大匙、鹽1小匙、糖1小匙、胡椒粉少許、地瓜粉1碗

做法

1. 買鰻魚時先請魚販去除內臟和大骨，蔥切碎，薑和大蒜磨成碎末。
2. 將處理好的鰻魚以溫水泡著，烹飪前1小時沖洗乾淨，切長條段，以米酒、鹽、糖、胡椒粉及蔥薑蒜、紅糟醬拌勻塗抹後醃著。
3. 把鰻條沾滿地瓜粉，10分鐘後用中油炸熟，撈起後再用高溫油炸酥即成。

大廚教做菜。

一般市面上的紅糟鰻羹都有加湯，羹湯的做法如下：買現成的紅糟醬，取2大匙放在鍋子裡，徐徐加入600c.c.熱高湯，使紅糟醬慢慢溶化。可加入蔥碎、薑末、蒜末、鹽、胡椒粉、米酒、糖各少許，稍煮開熄火即成。

四神豬肚湯

功效

開脾健胃，益氣滋養補身。

材料

豬肚1個、四神1帖（中藥店配好即可）、蔥2支、薑1片

調味料

酒3大匙、鹽2小匙、大骨高湯1,200c.c.

做法

1. 豬肚以滾水汆燙洗淨，加蔥、薑、酒及水600 c.c.煮40分鐘，撈出切條。
2. 四神藥帖加高湯先煮30分鐘出味，放入豬肚條米酒及鹽續煮10分鐘即成。

大廚教做菜。

洗豬肚時要加些醋、鹽，揉搓內外，沖洗乾淨，再汆燙過，加蔥、薑、酒煮爛即成。

韭菜豬血湯

功效

清肺、整胃，對於長時間在廚房工作的主婦、廚師，很有助益。

材料

豬血1斤、酸菜4兩、韭菜3兩

調味料

米酒1大匙、鹽2小匙、胡椒粉少許、高湯1,200c.c.

做法

1.豬血切厚片，以滾水汆燙後撈起備用。

2.酸菜洗淨切絲，韭菜切小段。

3.高湯煮開，放入酸菜絲煮5分鐘，加入豬血煮3分鐘，加調味料，起鍋前放入韭菜段即可。

大廚教做菜。

如果用豬大骨熬製的高湯與豬血湯同煮，大骨不須取出，大骨肉也很好吃，可以當做肉料來享用（大骨湯做法請見P.5）。

麻辣鴨血臭豆腐

功效

開脾助消化，清肺健胃，食慾不振、冬天冷縮時都可食用

材　料

臭豆腐4塊、豬血半斤、蒜頭2粒切片、酸菜心1兩、花椒粒1小匙

調味料

辣油2大匙、辣椒粉1/2小匙、鹽1小匙、高湯500c.c.、米酒1小匙

做　法

1.在熱鍋裡先以油爆香花椒粒，撈棄花椒粒，留油備用。酸菜切絲。
2.倒入辣油、蒜片、辣椒粉爆香。
3.加入高湯、米酒和鹽，放入臭豆腐、豬血、酸菜絲，以大火煮開，再轉小火煮30分鐘即成。

大廚教做菜。

購買臭豆腐食材時，注意選擇使用天然食材蔬菜葉、蝦肉來泡製豆腐發味成臭豆腐的產品，不要買添加化學腐劑的臭豆腐，才是清香安全、無礙健康的。

雞湯全家補 BEST10

各式雞湯精髓

煮高湯、熬雞精、補身體不求人，全家健康免煩惱，簡單燉雞湯、「雞」不可失。

麻油雞

功效

滋陰補血、祛寒除濕，最適合生產後婦女食用。

材　料

大雞腿4根、老薑2兩

調味料

米酒1瓶、鹽1小匙、糖1小匙、黑麻油2大匙

做　法

1.雞腿洗淨剁塊，薑母去皮後洗淨拍碎。
2.鍋燒熱後，放入麻油爆香薑母，加入雞塊和少許溫水炒到半熟。
3.加1,200c.c.水煮開，轉小火煮20分鐘，加米酒續煮5分鐘，放入鹽和糖調味即成。

大廚教做菜。

1.酒的濃度可依個人喜好添加。
2.煮好的麻油雞油，尤其是浮在湯上面的油別丟掉，可用來澆飯或拌麵線，都很好吃。

燒酒雞

功效

補血行氣，溫暖身體。

材料

雞腿2根。藥材：當歸2錢、枸杞2錢、川芎1 1/2錢、桂枝1 1/2錢

調味料

米酒1/4瓶、鹽少許

做法

1.雞腿剁塊洗淨，以滾水汆燙洗淨血水。
2.燉鍋加水1,200c.c.及藥材煮開，放入雞腿，續煮30分鐘，加酒、鹽調味即成。

大廚教做菜。

燒酒雞的現成燉補包可在生鮮超市買到，個人可視喜好加多一點酒，由於酒精在熱煮的過程中已大部分揮發掉，所以並不容易喝醉，可以放心。

香菇燉鳳爪

功效

醒脾胃、滋肝降壓、提高免疫力。

材料

鳳爪12根、小雞腿1隻、香菇10朵、薑1片

調味料

米酒1大匙、鹽2小匙

做法

1.鳳爪去除腳尖，再剁成兩段；小雞腿剁成小塊，以滾水汆燙洗淨。

2.香菇泡軟切片。

3.燉鍋放水1,200c.c.，加入雞腳、小雞腿、香菇、薑片、米酒和鹽，以大火蒸1小時即成。

大廚教做菜。

雞爪的採購以大隻的爲佳，燉起來才有肉、有膠質，烏骨雞的黑爪也很好，可剪去雞趾尖部分，更有食慾。

大補烏骨雞

功效

溫補氣血、適合精力不足、貧血眩昏者。

材料

烏骨雞1隻。藥材：十全大補藥1帖（請中藥房配好，當歸1錢、熟地2錢、桂枝1錢、黨參2錢、炒白芍2錢、川芎1錢、白朮2錢、茯苓2錢、黃耆2錢、甘草1錢）、人參1錢

調味料

米酒1/2瓶、鹽2小匙

做法

1. 烏骨雞從背部剁開，以滾水汆燙、洗淨血水。
2. 燉鍋放入雞及十全大補帖，加水1,200c.c.、米酒和鹽以大火煮開，撇去浮沫，轉小火燉90分鐘即成。

大廚教做菜。

買雞時可請雞販先切塊處理好，自己較不麻煩，如果不用全雞，可以只選用雞腿肉來做。這道補雞，也可用電鍋蒸煮。

金線蓮燉雞湯

功效

清熱解毒、涼血保肝。

材料

雞腿2根、薑2片、乾燥的金線蓮3錢、紅棗10粒

調味料

米酒2大匙、鹽2小匙

做法

1.雞腿剁塊，以滾水汆燙、洗淨血水。

2.燉鍋放入雞塊、薑片、紅棗、金線蓮、水1,800c.c.、米酒和鹽，以大火煮開，撇去浮沫改小火燉90分鐘即成。

大廚教做菜。

1.如果不用大火煮90分鐘，用小火慢燉也可以；因爲雞塊等材料快熟，不須久熬。

2.如果不使用乾燥的金線蓮，而是用新鮮的金線蓮，份量只要1兩就夠了。

薏仁燉雞

功效
美白肌膚，恢復疲勞。

材　料

雞腿2根、薏仁3兩、蔥1支、薑1片、香菇3朵

調味料

米酒1大匙、鹽1小匙

做　法

1.薏仁泡水8小時，香菇泡軟後去蒂切片。
2.雞腿剁塊，以滾水氽燙洗淨。
3.燉鍋加水1,200c.c.，和薏仁、香菇、薑、蔥，以中小火煮1小時，放入雞塊續用中小火燉30分鐘，加入米酒和鹽即成。

大廚教做菜。

薏仁要先泡水8小時才易爛，省事妙法是先泡水一夜，次日再燉煮，另一個方法是早上出門前把薏仁用不透氣的不鏽鋼鍋煮開，密蓋著鍋蓋，燜到下午回家以後，再開始燉煮料理，快煮又省事。

薑絲蒜王雞

功效

健胃、促進食慾、增強免疫力、促進新陳代謝、防治感冒。

材　料

土雞腿1隻、蒜頭20粒、薑1小塊

調味料

米酒1/4瓶、鹽少許

做　法

1. 雞腿剁小塊，以滾水汆燙後洗淨血水。薑切絲。
2. 燉鍋內放入雞、蒜頭、水600c.c.和米酒，以大火煮開，撇去浮沫後，改小火燉1小時，加入鹽、薑絲即成。

大廚教做菜。

土雞腿肉比較Q，這道蒜王雞也可使用電鍋來蒸，注意水量一定要淹過雞腿等食材高度，免得露出水面的食材乾燒變硬，形同作廢了。

人參枸杞雞

功效

大補元氣，補脾益肺，神精衰弱者可以多吃，安神並增強體力。

材料

土雞腿3根、參鬚1兩、枸杞1錢

調味料

米酒3大匙、鹽少許

做法

1.雞腿剁塊後以滾水汆燙洗淨。

2.將雞腿放進燉鍋內，加參鬚、枸杞、酒、鹽和水1,200c.c.燉1小時即成。

大廚教做菜。

要用土雞比起飼料雞更補，因為土雞野放健跑以致筋腿矯健，活力能量都較高。

鳳梨苦瓜雞

功效

消暑降火氣，補充鳳梨酵素好消化。

材　料

土雞腿2根、苦瓜1條、罐裝醬鳳梨4片

調味料

米酒1大匙、鹽2小匙

做　法

1.雞腿剁塊，以滾水汆燙洗淨，醬鳳梨切小塊。
2.苦瓜去籽，切2公分寬、4公分長的條狀，以滾水汆燙備用。
3.燉燉鍋加水1,200c.c.燒開，放入雞肉、醬鳳梨煮20分鐘，加入苦瓜續煮10分鐘，加米酒和鹽調味即成。

大廚教做菜。

醬鳳梨在大型雜貨店均有出售，如果使用新鮮鳳梨材料，可略加黃豆鼓增味，但黑豆鼓太鹹不適合。

鹿茸燉雞

功效

神經衰弱、自律神經失調者適用，滋養補血、固腎補精力。

材　料

雞腿3根、鹿茸1/2錢

調味料

米酒1大匙、鹽1小匙

做　法

1.雞腿剁塊，以滾水汆燙後洗淨血水。
2.燉鍋加水1,200c.c.和雞肉、鹿茸，以大火蒸1小時，加米酒和鹽調味，續煮30分鐘即可食用。

大廚教做菜。

一般家庭可自己泡製鹿茸補藥酒，酒喝完了，剩下的藥渣就可以拿來燉雞，小火慢燉即可。

簡單好做
元氣補

家常好做拿手燉補

買現成滷包大補元氣，輕鬆吃出好氣色，
正港的專家教你簡簡單單就搞定。

狗尾草燉排骨

功效
清熱解毒，開脾健胃。

材　料

小排骨半斤、豬尾2條、狗尾草4兩、薑2片、紅棗10粒

調味料

米酒1大匙、鹽2小匙

做　法

1.把豬尾毛剔乾淨，切小塊。
2.排骨剁成小塊狀，與豬尾一起以滾水汆燙洗淨。
3.燉鍋內放入所有材料、調味料及水1,200c.c.，以大火燉90分鐘即成。

大廚教做菜。

豬尾可用火燒法去除毛根，再泡熱水洗淨，剁塊汆燙，燒過的豬尾皮吃起來口感較Q。

薏仁排骨湯

功效

補腎，減緩腰痛、治風濕。

材料

小排骨半斤、薏仁3兩、薑2片

調味料

米酒1大匙，鹽2小匙

做法

1.小排骨剁小塊，以滾水氽燙後洗淨。

2.薏仁泡8小時洗淨。

3.燉鍋放入水1,200c.c.，加薏仁以大火煮開，轉小火煮1小時，放進排骨、薑片再燉1小時，加米酒和鹽調味，撿去薑片即成。

大廚教做菜。

排骨要氽燙到血水盡去爲止，這樣在煮湯時，湯色才會清爽漂亮。

火腿蛤蜊冬瓜湯

功效

消暑利尿、
健脾去濕又美白。

材　料

金華火腿10片、蛤蜊半斤、冬瓜1斤

調味料

米酒1小匙、鹽少許

做　法

1.冬瓜去皮切1公分厚片，洗淨。

2.燉鍋放入水1,200c.c.煮開，加入冬瓜片、火腿片煮30分鐘。

3.加蛤蜊、米酒和鹽續煮，待蛤蜊都開口後，熄火上桌即成。

大廚教做菜。

若沒有時間給蛤蜊泡鹽水吐沙，可以先用熱水汆燙至開口，洗淨沙泥。

花生豬尾湯

功效

補血、通乳。

材　料

豬尾3條、花生4兩、丁香少許

調味料

米酒1大匙、鹽少許

做　法

1.豬尾毛剔乾淨剁成小段，以滾水汆燙洗淨。
2.燉鍋倒入水1,200c.c.，加花生煮1小時。
3.鍋燒熱加少許油，放入豬尾炒至皮稍焦黃。
4.花生湯加入炒好的豬尾、丁香燉1小時，加米酒和鹽調味即成。

大廚教做菜。

豬尾毛多，可用鐵鉗夾著在爐火上燒乾淨，然後泡進熱水內再刮乾淨。

菠菜豬肝湯

功效

補肝明目，肝腎陰虛而疲倦乏力者可以多吃。

材料

豬肝4兩、菠菜半斤、薑絲1匙、枸杞1小匙

調味料

米酒1大匙、鹽2小匙、香油1小匙

做法

1.肝洗淨切薄片，加少許酒和太白粉略醃。

2.菠菜洗淨後切小段。

3.湯鍋加水900c.c.煮開，放入豬肝、菠菜、枸杞、薑絲、米酒和鹽，起鍋前淋上香油即成。

大廚教做菜。

1.豬肝用酒和太白粉拌勻再入鍋，比較滑嫩，別煮太久免得肉質變老。

2.起鍋前再放菠菜，以免菠菜變黃。

芋頭排骨湯

功效

增進食慾，提高抵抗力。

材料

小排骨半斤、大芋頭1斤、紅蔥頭5粒、香菜少許

調味料

米酒1大匙、鹽2小匙、地瓜粉1大匙、高湯2,000c.c.

做法

1. 排骨剁塊，加少許酒和鹽醃20分鐘，沾上乾的地瓜粉。
2. 芋頭切3公分方塊狀。
3. 鍋內加油，燒到7分熱，放入排骨和芋頭，炸到表面酥黃後撈出，放到碗裡，進蒸籠蒸1小時。
4. 紅蔥頭切薄片，以小火加油慢慢炸到呈金黃色。
5. 高湯煮開，加米酒和鹽調味，倒到已蒸好的排骨芋頭碗裡，加香菜、紅蔥頭即成。

大廚教做菜。

芋頭、排骨要和高湯分開煮，不能直接把芋頭、排骨和高湯一起煮，而是蒸芋頭、排骨後，等到要吃前再加入高湯，否則湯色會濁而不清，影響觀感和食慾。

豬肚黃耆湯

健胃強壯、降血壓。

材料

豬肚1個、白蘿蔔1斤、芹菜1支、蔥2支、薑2片。藥材：黃耆2錢、八角3粒、花椒10粒

調味料

米酒1大匙、鹽1小匙、醬油1小匙、高湯1,200c.c.

做法

1.豬肚洗淨後以滾水汆燙、去油，加蔥、薑、酒及水600 c.c.煮40分鐘，撈起來切成條狀。
2.蘿蔔去皮，把蘿蔔肉切成長條厚片狀，以滾水汆燙備用。
3.高湯加入蘿蔔片、黃耆、八角、花椒、肚片和米酒，用小火慢煮30分鐘，加鹽和醬油調味，起鍋前放些芹菜即成。

大廚教做菜。

1.洗豬肚要加鹽、醋揉搓片刻，才易沖洗乾淨，蔥薑酒水燒開後，把豬肚放入煮40分鐘，待冷卻後切條，是處理豬肚的最佳方式。
2.端上桌時，先把八角、花椒撿出丟棄，以免觀感、口感不好。

腰子杜仲湯

功效

補肝腎、壯筋骨、降血壓。

材料

腰子1副、杜仲1錢、蔥1支、薑1片

調味料

米酒2大匙、鹽1小匙、高湯600c.c.

做法

1.杜仲加高湯、薑、蔥一起煮10分鐘。

2.腰子去筋、去騷味，切成腰花片，以滾水汆燙備用。

3.杜仲湯燒開，加米酒和鹽調味，放入腰花片煮開即成。

大廚教做菜。

腰子上的白筋要剔除乾淨，別煮太久，否則會變老，影響口感和風味。

香菇燉蠔乾

功效

養顏美容、強精補腎。

材　料

蠔乾20粒、日本香菇5朵、蔥2支、薑1片

調味料

米酒1大匙、鹽1小匙、胡椒少許、高湯1,200c.c.

做　法

1. 蠔乾洗淨。
2. 日本香菇泡軟後去蒂、切片。
3. 將蠔乾、香菇、蔥、薑、高湯、米酒和鹽一起放入燉鍋裡，以慢火燉1小時即成。

大廚教做菜。

1. 蠔乾先泡熱水發漲，好洗去沙質。
2. 這道菜選用日本香菇，肉質較厚、口感較佳、香味較濃，燉蠔乾才能去腥提香添美味。

蓮藕燉牛腩

功效

滋養美容、健胃整腸，體質虛弱者可以多吃好滋養強壯。

材　料

牛腩1斤、蓮藕4兩、昆布1小塊、蔥2支、薑2片。藥材：八角3粒、陳皮2片、花椒少許

調味料

米酒1大匙、鹽2小匙

做　法

1.牛腩切塊，以滾水汆燙洗淨。
2.昆布泡軟切條狀，藕節切成輪狀。
3.將所有材料、調味料及水1,800c.c.放入燉鍋，以大火煮開，撇去浮沫，轉慢火燉90分鐘至牛肉熟爛即成。

大廚教做菜。

這道菜宜用砂鍋燉煮，因爲蓮藕一遇鐵鍋，顏色會變黑。

枸杞當歸虱目魚

功效

滋陰補血，
健脾強胃。

材　料

虱目魚肚2片、薑2片。藥材：當歸1片、枸杞1大匙

調味料

米酒1大匙、鹽少許

做　法

1.虱目魚肚洗淨、切塊。

2.燉鍋內加水600c.c.，放入當歸、枸杞、薑片煮30分鐘，加入魚塊續煮5分鐘，再加米酒和鹽調味即成。

大廚教做菜。

虱目魚肚可買無刺的，食用時才不會因要吐魚刺而浪費時間。

川芎白芷燉魚頭

功效

專補神經衰弱者，可抗智力退化，活血、行氣。

材　料

鰱魚頭1個（約1斤半）、蔥2支、薑2片。藥材：川芎5錢、白芷3錢

調味料

米酒1大匙、胡椒粉少許、鹽少許

做　法

1.魚頭洗淨，兩面稍加用油煎黃。
2.燉鍋內放入藥材、蔥、薑、水1,200c.c.和魚頭、調味料，以慢火燉1小時即成。

大廚教做菜。

這道菜最好用磁器皿來燉，小火慢燉，要蓋緊鍋蓋，原汁原味不流失。

砂鍋魚頭

功效

腦神經衰弱、血虛暈眩者最宜多吃。

材　料

鰱魚頭1個、肉片1兩、筍片1兩、豆腐2塊、粉皮2兩、黑木耳3大片、紅辣椒2根、蔥3支、薑2片、大青蒜1支。

調味料

米酒2大匙、醬油2大匙、黑豆瓣醬1大匙、胡椒粉少許、香油1小匙、高湯1,800c.c.。

做　法

1.魚頭洗淨抹些醬油，放入熱油鍋中炸，炸到表皮稍乾時起鍋。

2.另再起鍋，燒熱油爆香蔥、薑、辣椒、肉片、筍片，加入調味料及高湯，放入魚頭用大火燒開，撇去浮沫。

3.加入豆腐，轉小火煮20分鐘，撿出蔥支、薑片丟棄，加入粉皮，並把青蒜段撒在上面，用熱香油淋到青蒜上，香味四溢，即可端上桌享用。

大廚教做菜。

可把魚頭砂鍋放在小瓦斯爐上，加其他火鍋料邊煮邊吃，吃香喝辣又飽足。

苦瓜蒸鱈魚

功效

消暑解勞、化痰止咳、行氣止痛。

材　料

鱈魚1斤、苦瓜半斤、破布子20粒、蔥2支、薑2片

調味料

酒1大匙、鹽1大匙

做　法

1.苦瓜去籽後，切成條狀，用滾水燙10分鐘後撈起備用。
2.蔥、薑洗淨、切絲。
3.鱈魚洗淨，取一個平盤，先放入苦瓜襯底，再放上魚，破布子放魚上面，最後放蔥和薑絲，加調味料及沙拉油，大火蓋10分鐘即成。

大廚教做菜。

1.苦瓜要先煮爛，時間不宜蒸過久。
2.蒸魚時加沙拉油蒸，魚肉會較嫩滑可口。

蛤蜊燉鯽魚

功效

陰虛、貧血者可多吃鯽魚，補腦、強化體力。

材　料

鯽魚2尾、蛤蜊半斤、蔥2支、薑1片

調味料

米酒1大匙、鹽少許

做　法

1. 鯽魚去鱗、內臟，洗淨後擦乾水份。
2. 鍋子燒熱，放入2大匙油，將鯽魚兩面煎得稍黃，放入蔥、薑、水1,200c.c.、米酒和鹽，以大火煮開，蓋好鍋蓋，轉小火燉30分鐘。
3. 加入蛤蜊煮開即成。

大廚教做菜。

1. 蛤蜊要在起鍋前才放入，否則蛤蜊會脫殼、蛤蜊肉縮水，既流失了營養，也不漂亮。
2. 起鍋時把蔥、薑撿起丟棄，整道菜看來會很清爽。

鯉魚精湯

功效

滋養強精，女性冷感、妊娠時期水腫婦女都可多吃鯉魚精湯來改善症狀。

材　料

鯉魚1尾、老薑2兩、枸杞1大匙

調味料

米酒2大匙、鹽1小匙

做　法

1.鯉魚去鰓、肚，不去鱗，洗淨，也可買料理好的鯉魚回來更省事。
2.薑去皮，洗淨、切片。
3.鍋燒熱後加油，放進魚肉，兩面稍煎，加入水600c.c.、米酒、鹽、枸杞和薑片，蓋好鍋蓋以慢火煮1小時即成。

大廚教做菜。

注意魚鱗不要刮掉，小火慢燉，會讓魚鱗的蛋白質、鈣質溶入湯裡，給身體最佳補養。

紅棗燉鯉魚

材　料

鯉魚1尾（約1斤）、蔥2支、薑2片、藥材：黑豆2大匙、紅棗10粒

調味料

米酒1大匙、鹽少許

做　法

1.黑豆洗淨先泡1晚。
2.鯉魚洗淨切2公分厚片。
3.鍋燒熱放入油，把魚肉兩面煎至稍黃。
4.燉鍋加水1,200c.c.，放入蔥、薑、黑豆、紅棗先煮1小時，放入煎好的魚片續煮30分鐘即成。

功效

鯉魚利尿、安胎、消
心臟衰弱、乳汁分泌稀
妊娠後手足發腫的人都

大廚教做菜。

燉煮這道菜時，鯉魚鱗別去除掉，魚鱗所富含的蛋白質、鈣質就會在煎燉之後溶入湯裡，小火慢燉可攝取到充分的營養。

藥膳燉紅蟳

功效

補血、滋養、祛風明目。

材　料

紅蟳2隻、蔥2支、薑2片。藥材：當歸2錢、枸杞1錢、紅棗1錢、川芎2錢

調味料

米酒2大匙、鹽少許

做　法

1.紅蟳洗淨切6大塊備用。
2.將藥材及調味料加水1,200c.c.，以大火煮10分鐘。
3.紅蟳置於水盤內，加藥材湯及蔥、薑，以大火蒸20分鐘即成。

大廚教做菜。

紅蟳一定要買活的，否則紅蟳一死，肉質就會發臭，整道燉品全毀了。

宴客
精緻料理

高級食材、精緻燉品

老師傅教你快速上手做大菜，燉補出精緻料理，宴客自用兩相宜。

佛跳牆

功效

補腎益精養顏，全身補透透。

材　料

魚翅2兩、鮑魚1個、排骨4兩、雞肉4兩、栗子10粒、紅棗6粒（1錢）、當歸1/2錢、豬蹄筋2兩、香菇3朵、大芋頭半斤、大白菜半斤、干貝3粒

調味料

紹興酒2大匙、鹽2小匙、高湯1,200c.c.

做　法

1.大白菜洗淨切大片，以滾水汆燙備用。
2.雞肉剁小塊，排骨剁小塊，芋頭切大塊，用熱油稍炸。
3.魚翅發好的，鮑魚切片。
4.將所有材料放入燉鍋中，干貝、鮑魚和魚翅放最上面。
5.高湯加調味料煮開，倒進燉鍋內，以用大火蒸2小時即成。

大廚教做菜。

1.為節省時間，可以到魚翅專賣店購買已經發好的魚翅，或買乾貨回來，提前一晚泡水發軟，到第二天就可以燉煮料理了。
2.也可加入自己喜歡的食材同煮，但以南北貨如冬筍、百合為宜，免得味道不合。

砂鍋魚翅

功效

開胃養顏，益氣補虛，

有心血管疾病的人不宜多吃。

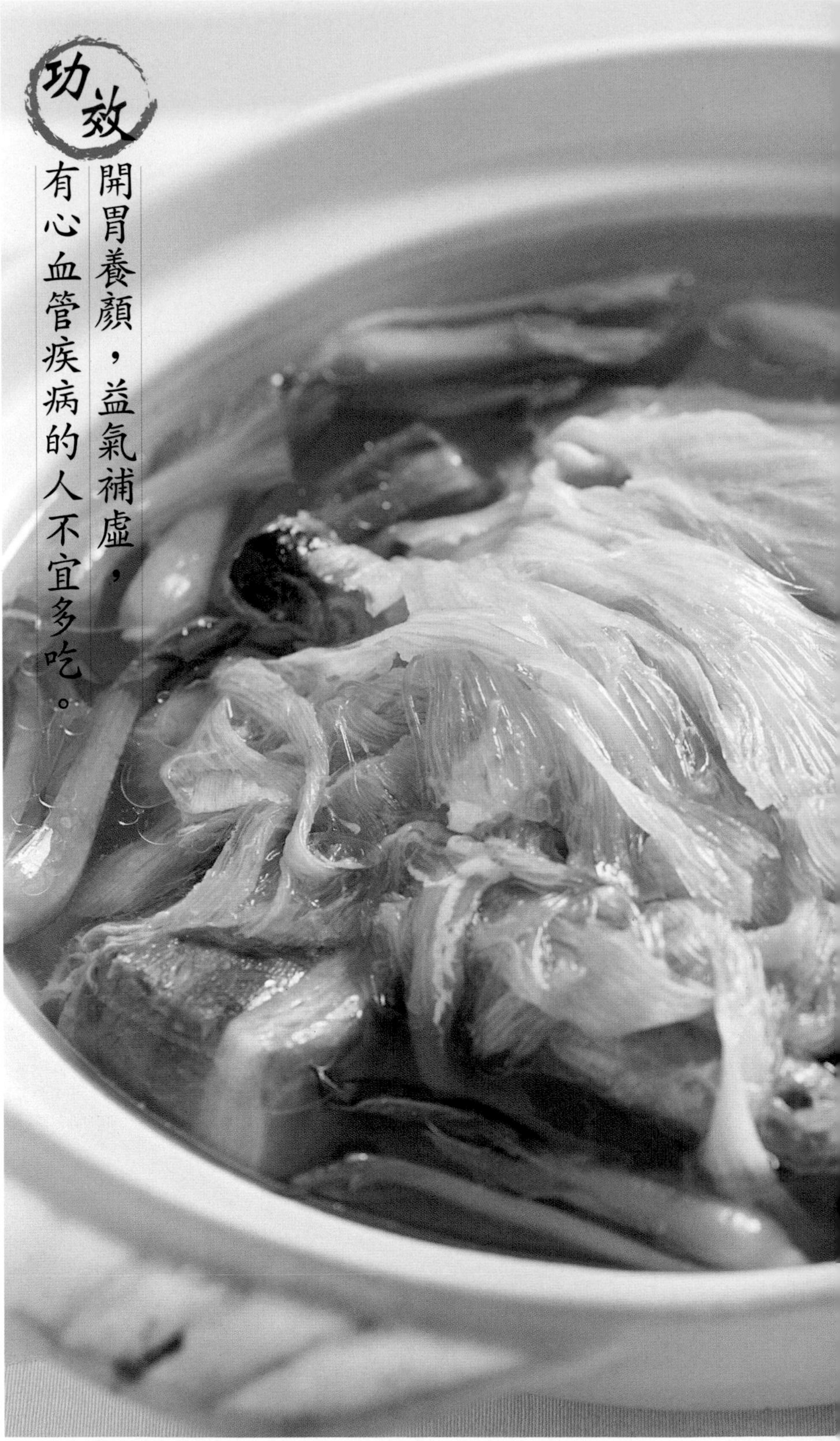

材　料

土雞1隻（約2斤）、金華火腿4兩、泡水發好的魚翅10兩、蔥2支、薑2片

調味料

米酒3大匙

做　法

1.土雞從背部剁開，以滾水汆燙後洗淨血水。
2.火腿洗淨，放入熱水中燙20分鐘，撈出。
3.將魚翅放入蔥、薑和1大匙酒混拌的熱鍋裡汆燙，去腥味。
4.燉鍋內放入土雞，火腿，魚翅放最上面，加蔥、薑、酒和水1,800c.c.，以大火蒸3小時，撿去蔥支薑片即可。

大廚教做菜。

燉補不宜用鐵鍋，如果家裡沒砂鍋，可以使用容器較大的瓷鍋（如康寧鍋），對半切開的雞還可以再切成大塊狀，免得放不進鍋裡。

鮑魚火腿燉土雞

功效
固精補腎，明目養顏。

材　料

土雞1隻（約2斤）、鮑魚2粒、金華火腿3兩

調味料

米酒1大匙

做　法

1.土雞從背部剁開，以滾水汆燙後洗淨血水。
2.鮑魚切片。
3.金華火腿洗淨，以滾水燙20分鐘。
4.在燉鍋內放入全部材料，加水1,800c.c.和酒，大火蒸2小時即可。

大廚教做菜。

這道燉品因已用了金華火腿，不必再加鹽，否則會過鹹，但金華火腿屬於醃製肉品，在入鍋燉煮之前，還是要先汆燙洗淨，殺菌了較安心。

鮑魚燒烏參

功效

補腎益精有體力，養血潤燥美皮膚。

材料

鮑魚1個、烏參1斤、青花椰菜10兩、蔥2支、薑1片、蒜頭3粒

調味料

米酒2大匙、蠔油1大匙、醬油1大匙、胡椒粉少許、香油1小匙

做法

1. 烏參洗淨切大塊，鍋裡放蔥、薑、酒，煮開以滾水氽燙烏參。
2. 鮑魚切厚片。
3. 青花椰菜洗淨，加鹽及少許油煮熟，放在盤子上增色。
4. 鍋燒熱，放入油爆香蔥、薑、蒜和米酒、蠔油、醬油和胡椒粉，加入烏參、鮑魚爛煮5分鐘，以1大匙太白粉勾芡，淋上香油，起鍋的鮑魚烏參擺放在盤中央。

大廚教做菜。

烏參是零膽固醇的海產，中老年人、有心血管疾病的人也可放心享用，處理時要把烏參的沙腸先清洗乾淨，免得難吃，可在採買時請小販先處理好。

何首烏帝王雞

功效

補肝腎、養精血、烏黑鬢髮抗老化。

材　料

土雞1隻（約3斤）。藥材：何首烏藥材1帖（中藥店有配好的，基本藥材為何首烏3錢、薑3片，可加丹參2錢、山楂1錢、茯苓1錢、枸杞1錢）

調味料

米酒1/4瓶、鹽少許

做　法

1.雞去內臟洗淨，從背部剖開，以滾水汆燙後洗淨血水。
2.燉鍋內放入雞肉、藥包、水1,200c.c.、米酒和鹽，以大火煮開，轉小火燉2小時即成。

大廚教做菜。

這道燉用宜用正宗的土雞，肉質較Q，口感也好得多，可向標榜純正土雞的可靠雞販購買，肉質比起飼料雞還結實有勁。

干貝冬瓜燉雞

功效

消暑利尿，益氣護腎。

材料

土雞腿2根、干貝6粒、冬瓜1斤、薑2片

調味料

米酒1大匙、鹽少許

做法

1.雞腿剁塊，以滾水汆燙後洗淨血水。
2.冬瓜去皮後洗淨、切塊，干貝洗淨。
3.鍋內放入全部材料和調味料，加水1,200c.c.，以大火煮開，轉小火燉90分鐘即成。

大廚教做菜。

冬瓜去皮時，只要把那層綠皮削去即可，這樣燉出來的補品湯色清鮮，才不會顯得冬瓜爛糊而影響食慾。

韓國人參燉豬心

功效

補脾潤肺，有頭昏、耳鳴等上年紀機能退化症狀的人多吃有益。

材料

豬心1個、人參片7錢

調味料

米酒1大匙、鹽少許

做法

1.豬心洗淨，為要去除裡面的血塊，要先略加汆燙過。
2.將人參片塞進豬心內部。
3.放置在燉鍋內，加水600c.c.和米酒，用大火蒸90分鐘。
4.將豬心取出切片，連湯一起食用，參片已入味，可以丟棄。

大廚教做菜。

汆燙豬心時，先把水煮開，放入豬心，用筷子撐開內部，才能快速燙除血水，又不致把豬心肉燙得熟硬，一經汆燙去血水就要趕快取出備用。。

天麻燉豬腦

功效

神經衰弱、頭昏眼花的人可多吃，益智安神。

材料

豬腦2副、薑2片、天麻2錢、枸杞10粒

調味料

米酒1大匙、鹽1小匙、高湯600c.c.

做法

1.將豬腦的血筋先用牙籤剔除乾淨，以滾水汆燙。

2.將豬腦、薑片、天麻、枸杞、米酒、鹽和高湯放入燉鍋，以大火蒸40分鐘即成。

大廚教做菜。

洗豬腦時要輕漂著洗，切忌太用力，免得豬腦一大力碰就破碎，不好看也不方便食用。

川芎鴨

功效

治女性血虛頭暈有效

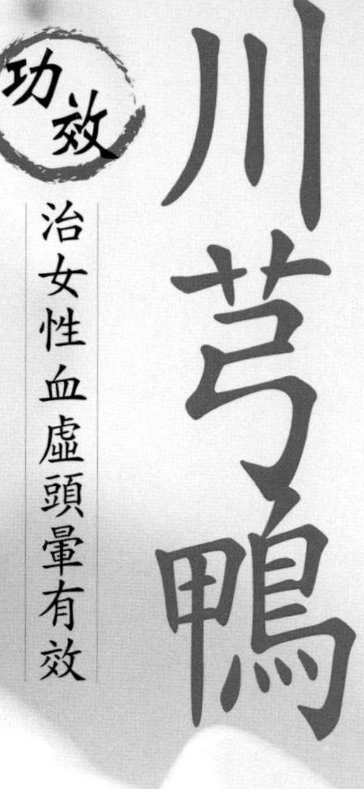

材　料

鴨半隻、老薑1兩、川芎3錢

調味料

酒1大匙、鹽1小匙、醬油1小匙、糖1小匙

做　法

1.鴨肉洗淨，剁塊備用。
2.鍋內燒熱油，爆香老薑末，接著放入鴨塊炒得略焦，加水1,200c.c.、川芎和調味料，蓋上鍋蓋，以慢火燉1小時即可。

大廚教做菜。

老薑先爆香炒過，才會出味，不可使用嫩薑，不入味也沒功效。

百果燒河鰻

功效

補腎潤肺、潤燥化痰。

材料

河鰻1尾、百果2兩、蒜頭5粒、蔥段2支、薑1片磨末、青蒜1支、香菇5朵、水600c.c.

調味料

米酒1大匙、醬油2大匙、冰糖1大匙、醋1小匙、胡椒粉少許、太白粉1大匙、香油1小匙。

做法

1. 河鰻殺好，可買已處理好的，以60°C熱水燙過，洗去黏液，切成3公分長段。
2. 香菇泡軟後去硬蒂、切片。
3. 鍋子燒熱，倒入沙拉油，爆香蒜頭、蔥段、薑末，放入百果、香菇，加米酒、醬油、冰糖、醋、胡椒粉和水600c.c.，以大火煮開，撇去浮沫後轉小火，蓋上鍋蓋燜燒30分鐘，直到河鰻肉酥爛後，改用大火將湯汁收乾，勾芡、淋香油，放進青蒜苗即成。

大廚教做菜。

洗鰻魚黏液時所用的熱水不宜過燙，免得鰻身破皮，影響美觀和養份，火也不宜太大免得鰻肉分散開來，不易食用。

干貝髮菜羹

功效

益氣調血，情緒平和順暢。

材料

干貝4粒、髮菜1兩、金菇2兩、筍絲2兩、香菇絲3朵、香菜、芹菜末少許

調味料

米酒1大匙、鹽2小匙、胡椒粉少許、太白粉2大匙、高湯1,200c.c.、香油1小匙

做法

1. 干貝泡水8小時後，蒸20分鐘，待冷後撕成碎絲狀。
2. 在鍋內放入高湯、干貝、筍絲、金菇、香菇絲和髮菜，加調味料燒開，勾芡、淋香油，起鍋前放入香菜、芹菜末即可。

大廚教做菜。

乾品干貝要先泡冷水一夜或8小時以上才會發軟，一蒸就能蒸軟，如果買的是已泡軟的鮮品干貝，則可以馬上就下鍋料理了。

蒜粒燜白菜干貝百果

功效

緩治肺虛久咳，秋冬之際可以多吃，去燥潤肺防咳嗽。

材料

干貝6粒、百果30粒、蒜頭20粒、大白菜1斤

調味料

米酒2大匙、蠔油1大匙、醬油1大匙、胡椒粉少許、香油1小匙

做法

1. 干貝泡水8小時，加1小匙米酒蒸20分鐘備用。
2. 蒜粒洗淨，以溫油稍稍炸黃備用。白菜洗淨切大片。
3. 鍋燒熱加入1大匙油，放入白菜炒至軟，加米酒、蠔油、醬油及干貝、百果、蒜頭，以中火燜煮20分鐘，太白粉勾芡、淋香油即可。

大廚教做菜。

大白菜全年都買得到，入油鍋翻炒後要蓋上鍋蓋燜到軟，再加其他食材才會入味，不宜用高麗菜等其他蔬菜代替，滋味、功效都不一樣。

枸杞燉河鰻

功效

陰虛補血最宜，可健脾強骨。

材　料

鰻魚1尾、小排骨3兩、薑2片。藥材：枸杞1大匙、當歸1片

調味料

米酒2大匙、鹽少許

做　法

1.鰻魚殺好，以60°C熱水燙過，洗去黏液，切2公分長段。
2.排骨剁小塊，以滾水汆燙洗淨。
3.鰻魚、排骨放在燉鍋內，加1,200c.c.水及調味料、薑片，以大火蒸1小時即可。

大廚教做菜。

1.洗鰻魚黏液的熱水約60°C即成，太熱會把鰻魚皮燙脫皮就不好看。
2.這道燉品也可用小火慢燉。

蒜頭蛤蜊燉田雞

功效

活血健胃，補胃益脾，生津安神。

材　料

蒜頭20粒、田雞腿1斤、蛤蜊半斤、薑2片

調味料

米酒1大匙、鹽2小匙

做　法

1.田雞腿剁塊，以滾水汆燙後洗淨。
2.燉鍋內加水1,200c.c.，放入田雞腿、蒜頭粒、薑片、蛤蜊和調味料，以大火蒸30分鐘即成。

大廚教做菜。

這道鍋品也可以小火慢燉，不敢吃田雞腿肉的人可以嫩雞腿代替。

羊骨髓精湯

功效

活血健胃，補胃益脾，生津安神。

材　料

羊骨管10小根、蔥2支、薑2片。藥材：當歸1 1/2錢、黑棗2錢、肉桂棒1枝（磨粉）、桂皮1錢、枸杞1 1/2錢、草果1粒、人參3錢、花椒少許

調味料

米酒半碗（125c.c.）、鹽1小匙

做　法

1.羊骨管以滾水汆燙去血水，洗淨。
2.在燉鍋內放入水2,000c.c.，加藥材燒開。
3.加入洗淨的羊骨管燒開，改用小火續燉2小時，再加入米酒和鹽調味即成。

大廚教做菜。

這是目前在香港、澳門非常流行的一道補膳，可用吸管把羊骨管內煮得熟爛的骨髓汁吸出，但要注意溫度，別燙傷了；如想充分去除羊骨的腥騷味，可加蔥、薑、白蘿蔔以滾水汆燙20分鐘即可。

湯湯水水燉美美

糖水甜品DIY

來點甜蜜而幸福的滋味，正宗的糖水燉品
補得你健美有活力，整天神采飛揚。

酒釀芝麻大湯圓

功效

美膚、黑髮、補血。

材　料

大湯圓10粒、酒釀1大匙、雞蛋1個、糖1大匙、桂花醬少許、太白粉2大匙

做　法

1.湯鍋加水煮開，放入大湯圓，火不要太大，待湯圓浮在水面上一會兒，即可熄火。
2.另起一湯鍋，加水600c.c.煮開，放入酒釀、糖、桂花醬，勾芡後淋蛋汁，隨即放入煮熟的湯圓，待蛋黃、蛋白一熟就熄火起鍋。

大廚教做菜。

煮湯圓時，注意水只要一煮開就要馬上轉成小火，待湯圓浮出水面就要小心撈出完整的湯圓粒，否則一不注意控制火候，煮得太爛就算是失敗作品了，芝麻餡流出來既不好看也不好吃。

銀耳紅棗木瓜

功效

養顏美容、補養脾胃虛弱者、舒筋骨。

材　料

銀耳1兩、紅棗20粒、木瓜肉4兩、冰糖3兩

做　法

1.銀耳以熱水浸泡30分鐘，膨脹後去蒂頭，挑去雜質備用。
2.木瓜去皮，切約0.8公分方塊狀小丁，紅棗洗淨備用。
3.燉鍋放入600c.c.水、銀耳和冰糖，以大火蒸1小時。
4.放入木瓜丁，續煮10分鐘即成。

大廚教做菜。

冷熱皆宜，在夏季木瓜盛產時可以多吃。

紅棗蓮子湯

功效

養心補脾，熬夜者補腎最宜。

材料

蓮子1斤、紅棗3兩、糖5兩

做法

1.紅棗洗淨。
2.湯鍋內加入1,200c.c.水煮開，轉小火續煮30分鐘。
3.放入蓮子續煮30分鐘，最後加糖煮開即成。

大廚教做菜。

如果買的是乾品蓮子，須先泡水2小時後再煮，才容易煮得軟熟，可以選買易煮爛熟的蓮子品種，或已經處理過的快速便利眞空包裝蓮子。

紅棗燉雪蛤

功效

補腎益精、潤肺養陰。

材　料

紅棗3錢（20粒）、蛤士蟆1大匙、冰糖2大匙

做　法

1.蛤士蟆以滾水泡8小時，待膨脹後挑去雜質。紅棗洗淨備用。
2.燉鍋內加入600c.c.水煮開，放入紅棗、蛤士蟆和冰糖，以大火燉1小時即成。
3.冰的、熱的皆可飲，沒吃完的可送入冰箱冷藏，別有風味。

大廚教做菜。

蛤士蟆選料要選有光澤、不帶皮膜、無血筋者爲佳，注意向有信譽的專賣店或進口廠商購買，才不會買到假貨。

糯米桂圓粥

功效

養心安神、健脾補血。

材料

圓糯米2兩、桂圓2兩、白糖2兩

做法

1.圓糯米洗淨。湯鍋內加入600c.c.水煮開。
2.加入糯米和桂圓肉煮到變成粥，加糖即可。

大廚教做菜。

1.糯米可先加水浸泡著，煮時比較節省時間。
2.快起鍋時要不時地攪拌，免得糯米沾鍋。

鮮奶芝麻糊

功效
美膚、黑髮、補血。

材　料

鮮奶100c.c.、黑芝麻粉3兩、糖3大匙、糯米粉2大匙

做　法

1.糯米粉用冷水調開。
2.湯鍋內加入600c.c.水及糖煮開，加入芝麻粉煮開，以糯米粉調2大匙水勾芡。
3.煮好後，加入鮮奶即為鮮奶芝麻糊。

大廚教做菜。

1.芝麻粉要買新鮮的，才不會有油臭味，可先聞聞看，或注意保存日期，越新鮮的越好，最好是現炒的，否則炒好放久了的會泛出油味就不鮮香。
2.勾芡時不宜太稠，不然攪拌不動會影響食慾。

杏仁露

健胃補肺，秋冬化痰止咳。

材料

杏仁粉3大匙、糖1大匙半

做法

水500c.c.煮開，加糖、杏仁粉拌匀即成。

大廚教做菜。

冷熱皆宜，傳統的杏仁露吃法還可以拿著香脆的油條沾著暖熱的杏仁露入嘴，非常香醇，但長了青春痘的人不宜，以免刺激油脂分泌。

核桃糊

功效

補腎養血、潤肺益氣、潤腸、改善婦女白帶症。

材料

核桃半斤、糖3兩、糯米粉2大匙、鮮奶50c.c.

做法

1. 糯米粉以冷水調開。
2. 核桃先用烤箱烤酥，用鍋乾炒過也可以，待核桃涼時把核桃搗碎。
3. 湯鍋內加入600c.c.水煮開，加入糖、核桃碎，以糯米粉勾芡，加上鮮奶即可。

椰漿芋頭西米露

功效

清涼消暑。

材料

大芋頭1斤、西谷米3兩、椰漿300c.c.、糖4兩

做法

1. 芋頭去皮後切厚片，蒸熟。西谷米加水煮熟。
2. 將芋頭和300c.c.水，以果汁機打成泥。
3. 湯鍋內加入300c.c.水煮開，加糖及芋泥煮滾後，放入西谷米及椰漿，稍加攪拌即成。

燒仙草

功效

夏天清涼退火，冬天去燥暖身。

材　料

仙草粉4兩、冰糖4兩、蜜紅豆、去皮花生適量

做　法

1. 仙草粉以滾水500c.c.沖泡攪勻，待冷卻，凝固成膏凍狀。
2. 湯鍋內加入冰糖和150c.c.的水煮開成糖水。
3. 將凝固的仙草加蜜紅豆、花生盛碗，淋上糖水即成。

八寶甜粥

功效

安神退火、補氣血、健脾胃。

材　料

糯米1杯、薏仁2錢、綠豆2錢、大紅豆2錢、小紅豆2錢、燕麥1/2杯、桂圓肉2錢、蓮子2錢、冰糖2大匙

做　法

1. 全部材料煮成粥。
2. 加糖調味後起鍋即成。

大廚教做菜。

1. 可加4粒紅棗當作補血益氣的藥引。
2. 確定煮成粥後再加糖，否則一經加糖，五穀豆類就不會繼續熟爛了，半生不熟的豆類難吃，等於成品失敗，但也要注意別煮得過久以致綠豆脫殼，滿鍋的皮殼和粉碎狀的豆黃，既難吃又難看。

紅豆圓仔湯

功效

防治腳氣病浮腫，健脾止瀉又利尿。

材　料

蜜汁紅豆半斤、小圓仔半斤、糖3兩

做　法

1. 湯鍋內加入600c.c.水煮開，加入糖及蜜紅豆。
2. 另起熱鍋燒開，放入小圓仔，轉小火煮到湯圓浮出在水面，撈起湯圓，放進紅豆湯裡就成了紅豆圓仔湯。

COOK50系列 基礎廚藝教室

COOK50001	做西點最簡單	賴淑萍著	定價280元
COOK50002	西點麵包烘焙教室－乙丙級烘焙食品技術士考照專書	陳鴻霆、吳美珠著	定價480元
COOK50003	酒神的廚房	劉令儀著	定價280元
COOK50004	酒香入廚房	劉令儀著	定價280元
COOK50005	烤箱點心百分百	梁淑嫈著	定價320元
COOK50006	烤箱料理百分百	梁淑嫈著	定價280元
COOK50007	愛戀香料菜	李櫻瑛著	定價280元
COOK50008	好做又好吃的低卡點心	金一鳴著	定價280元
COOK50009	今天吃什麼－家常美食100道	梁淑嫈著	定價280元
COOK50010	好做又好吃的手工麵包－最受歡迎麵包大集合	陳智達著	定價320元
COOK50011	做西點最快樂	賴淑萍著	定價300元
COOK50012	心凍小品百分百－果凍・布丁（中英對照）	梁淑嫈著	定價280元
COOK50013	我愛沙拉－50種沙拉・50種醬汁（中英對照）	金一鳴著	定價280元
COOK50014	看書就會做點心－第一次做西點就OK	林舜華著	定價280元
COOK50015	花枝家族－透抽軟翅魷魚花枝 章魚小卷大集合	邱筑婷著	定價280元
COOK50016	做菜給老公吃－小倆口簡便省錢健康浪漫餐99道	劉令儀著	定價280元
COOK50017	下飯ㄟ菜－讓你胃口大開的60道料理	邱筑婷著	定價280元
COOK50018	烤箱宴客菜－輕鬆漂亮做佳餚（中英對照）	梁淑嫈著	定價280元
COOK50019	3分鐘減脂美容茶－65種調理養生良方	楊錦華著	定價280元
COOK50020	中菜烹飪教室－乙丙級中餐技術士考照專書	張政智著	定價480元
COOK50021	芋仔蕃薯－超好吃的芋頭地瓜點心料理	梁淑嫈著	定價280元
COOK50022	每日1,000Kcal瘦身餐－88道健康窈窕料理	黃苡菱著	定價280元
COOK50023	一根雞腿－玩出53種雞腿料理	林美慧著	定價280元
COOK50024	3分鐘美白塑身茶－65種優質調養良方	楊錦華著	定價280元
COOK50025	下酒ㄟ菜－60道好口味小菜	蔡萬利著	定價280元
COOK50026	一碗麵－湯麵乾麵異國麵60道	趙柏淯著	定價280元
COOK50027	不失敗西點教室－最容易成功的50道配方	安 妮著	定價320元
COOK50028	絞肉の料理－玩出55道絞肉好風味	林美慧著	定價280元
COOK50029	電鍋菜最簡單－50道好吃又養生的電鍋佳餚	梁淑嫈著	定價280元
COOK50030	麵包店點心自己做－最受歡迎的50道點心	游純雄著	定價280元
COOK50031	一碗飯－炒飯健康飯異國飯60道	趙柏淯著	定價280元
COOK50032	纖瘦蔬菜湯－美麗健康、免疫防癌蔬菜湯	趙思姿著	定價280元
COOK50033	小朋友最愛吃的菜－88道好做又好吃的料理點心	林美慧著	定價280元

TEL：(02)2345-3868　　FAX：(02)2345-3828

COOK50034	**新手烘焙最簡單**－超詳細的材料器具全介紹	吳美珠著	定價350元
COOK50035	**自然吃・健康補**－60道省錢全家補菜單	林美慧著	定價280元
COOK50036	**有機飲食的第一本書**－70道新世紀保健食譜	陳秋香著	定價280元
COOK50037	**靚補**－60道美白瘦身、調經豐胸食譜	李家雄、郭月英著	定價280元
COOK50038	**寶寶最愛吃的營養副食品**－4個月～2歲嬰幼兒食譜	王安琪著	定價280元
COOK50039	**來塊餅**－發麵燙麵異國點心70道　趙柏淯著	定價300元	
COOK50040	**義大利麵食精華**－從專業到家常的全方位密笈	黎俞君著	定價300元
COOK50041	**小朋友最愛吃的冰品飲料**　梁淑嫈著	定價260元	
COOK50042	**開店寶典**－147道創業必學經典飲料	蔣馥安著	定價350元
COOK50043	**釀一瓶自己的酒**－氣泡酒、水果酒、乾果酒	錢薇著	定價320元
COOK50044	**燉補大全**－超人氣・最經典，吃補不求人	李阿樹著	定價280元

TASTER系列 吃吃看流行飲品

TASTER001	**冰砂大全**－112道最流行的冰砂	蔣馥安著	特價199元
TASTER002	**百變紅茶**－112道最受歡迎的紅茶・奶茶	蔣馥安著	定價230元
TASTER003	**清瘦蔬果汁**－112道變瘦變漂亮的果汁	蔣馥安著	特價169元
TASTER004	**咖啡經典**－113道不可錯過的冰熱咖啡	蔣馥安著	定價280元
TASTER005	**瘦身美人茶**－90道超強效減脂茶	洪依蘭著	定價199元
TASTER006	**養生下午茶**－70道美容瘦身和調養的飲料和點心	洪偉峻著	定價230元
TASTER007	**花茶物語**－109道單方複方調味花草茶	金一鳴著	定價230元
TASTER008	**上班族精力茶**－減壓調養、增加活力的嚴選好茶	楊錦華著	特價199元
TASTER009	**纖瘦醋**－瘦身健康醋DIY	徐　因著	特價199元

Quick系列

QUICK001	**5分鐘低卡小菜**－簡單、夠味、經點小菜113道	林美慧著	特價199元
QUICK002	**10分鐘家常快炒**－簡單、經濟、方便菜100道	林美慧著	特價199元
QUICK003	**美人粥**－纖瘦、美顏、優質粥品65道	林美慧著	定價230元
QUICK004	**美人的蕃茄廚房**－料理・點心・果汁・面膜DIY	王安琪著	特價169元
QUICK005	**懶人麵**－涼麵、乾拌麵、湯麵、流行麵70道	林美慧著	特價199元
QUICK006	CHEESE！**起司蛋糕**－輕鬆做乳酪點心和抹醬	日出大地著	定價230元

輕鬆做系列 簡單最好做

輕鬆做001	**涼涼的點心**	喬媽媽著	特價99元
輕鬆做002	**健康優格DIY**	陳小燕、楊三連著	定價150元

國家圖書館出版品預行編目資料

燉補大全／李阿樹著
-- 初版.-- 台北市：朱雀文化，2003[民92]
面：　公分.-（COOK50：044）
ISBN 986-7544-02-1（平裝）
1.藥膳　2.食譜

427.11　　92020488

超人氣・最經典，吃補不求人

燉補大全

作　　者　李阿樹
文字撰寫　林麗娟
美術編輯　鄭雅惠
責任編輯　莫少閒
企畫統籌　李　橘
出 版 者　朱雀文化事業有限公司
地　　址　北市基隆路二段13-1號3樓
電　　話　02-2345-3868
傳　　眞　02-2345-3828
劃撥帳號　19234566 朱雀文化事業有限公司
e-mail　redbook@ms26.hinet.net
網　　址　http://redbook.com.tw
總 經 銷　展智文化事業股份有限公司
ISBN　986-7544-02-1
初版一刷　2003.12
初版七刷　2006.01
定　　價　280元
出版登記　北市業字第1403號